향기로운 꽃 안내서

향기로운 꽃 안내서

2020년 1월 20일 초판 1쇄 발행
2022년 6월 21일 초판 3쇄 발행

지은이   핫토리 아사미
옮긴이   류순미

펴낸이   천소희
편집   박수희

펴낸곳   열매하나
등록   2017년 6월 1일 제2019-000011호
주소   전라남도 순천시 원가곡길75
전화   02.6376.2846 | **팩스** 02.6499.2884
전자우편   yeolmaehana@naver.com
페이스북   www.facebook.com/yeolmaehana

ISBN   979-11-90222-15-0 06480
(세트)   979-11-90222-13-6 04480

 삶을 틔우는 마음 속 환한 열매하나

향기로운 꽃 안내서

핫토리 아사미

쓰고 그린 이 **핫토리 아사미**

수채화와 연필을 이용한 치밀하고 부드러운 그림으로 일본과 해외에서 왕성하게 활동하고 있는 일러스트레이터이다. 책, 잡지, 광고, 잡화 등 다양한 분야에서 작업을 선보이고 있으며, 무인양품 에센셜오일 제품의 일러스트를 담당하는 등 식물 그리는 일을 즐겨한다. 오랜 시간 식물 그림을 그리면서 느낀 즐거움을 더 많은 사람들과 나누고 싶어 『싱그러운 허브 안내서』, 『향기로운 꽃 안내서』 두 권의 책을 출간했다.

감수한 이 **구와야마 카오리**

도쿄 근처의 쇼난 지역을 거점으로 하는 아로마테라피스트 겸 조향사이다. 'note.'라는 오리지널 향기 미스트를 제작하였고, 개개인에게 맞춤 향기를 제공하는 이벤트를 개최하는 등 향기에 관한 다양한 활동을 하고 있다. 일본 아로마 환경협회가 인정한 아로마테라피 강사이다.

옮긴이 **류순미**

도쿄에서 일한통역을 전공하고 10여 년간 일본 국제교류센터에서 근무하면서 일본 외무성을 비롯해 르노삼성, 닛산, 후지TV, TBS, KBS 등에서 통역사로 활동했다. 옮긴 책으로는 『도쿄 생각』, 『셰어하우스』, 『예술가가 사랑한 집』, 『오후도 서점 이야기』, 『이탈리아에서 있었던 일』, 『여자, 귀촌을 했습니다』 등이 있다.

어릴 때 증조할머니 집에서 꽃향기에 이끌렸던 것이 향기에 관한 나의 가장 오래된 기억이다. 어느 여름밤, 지금껏 경험한 적 없는 부드럽고 신비로운 향기를 맡았다. 할머니께 무슨 향기냐고 물으니 밤이 아니면 피지 않는 월하미인이라는 꽃의 향기라고 알려주셨다. 그때 보았던 월하미인의 관능적인 모습과 우아한 향기는 내 가슴에 강렬하게 각인되었다.

할머니 집 정원에는 온갖 꽃과 나무가 자라고 있었다. 예전에 할머니의 친정은 누에고치에서 뽑은 실에 초목염색을 하고, 그렇게 만든 비단으로 기모노 짓는 일을 했다고 한다. 정원의 식물들은 초목염색 원료를 채취하기 위해 키웠던 것이다. 나는 어렸을 때 할머니에게서 받은 초목염색 실을 지금도 가지고 있는데, 염색한 지 50년이 훌쩍 넘었지만 전혀 퇴색되지 않고 여전히 선명한 진홍색을 띠고 있다.

할머니는 취미로 정원에 있는 꽃을 그리셨다. 정원에 있던 각양각색의 초목과 할머니가 그리셨던 그림은 내가 식물을 그리게 된 출발점이다.

나는 일러스트레이터인데 갈수록 식물 그림, 그중에서도 특히 꽃을 그려 달라는 의뢰를 많이 받고 있다. 예전에는 그저 좋아서 그리던 것이 이제는 생업이 되었다. 그림 작업을 거듭하면서 인공적으로는 표현할 수 없는, 자연이 자아내는 치밀한 식물의 조형에 더욱 이끌리게 되었다. 이렇듯 꽃과 풀에 대한 관심이 커지면서 내가 사는 동네에도 다양한 꽃이 존재한다는 사실을 알았다.

꽃을 주의 깊게 관찰하면서 어느새 그 향기에도 관심을 갖게 되었다. 꽃은 다양한 색과 모양뿐만 아니라 갖가지 향기를 지니고 있었다. 꽃향기를 맡을 때면 어느새 나의 마음은 어린 시절 거닐었던 증조할머니 집 정원을 향한다.

도시에 살다 보면 자연의 사계절을 온전히 느끼기 힘들다. 하지만 꽃향기를 통해 그 변화를 알 수도 있다. 모습은 보이지 않지만 어디선가 은은하게 풍기는 금목서 향기가 코끝에 스미는 순간, 나는 가을이 왔음을 가장 먼저 느낀다.

꽃향기를 사랑하게 되면서 자연의 꽃향기를 즐기는 것뿐 아니라 에센셜오일에 대한 관심도 생겨났다. 지인이 운영하는 잡화점에서 마음에 딱 맞는 에센셜오일 향을 맡았을 때 무척 마음이 평온해졌고 그 여운은 오랫동안 은은하게 남았다.

키우기 쉽고 건강에 도움이 되는 50종류의 허브를 정리한 『싱그러운 허브 안내서』를 출간한 뒤, 자연스럽게 다음 작업으로 향기를 즐길 수 있는 꽃을 그리고 싶다는 생각을 했다. 이번 책에서는 평범한 일상 속에서 손쉽게 향기를 즐길 수 있는 50가지 꽃을 선별해 그렸다. 또 책의 후반부에는 꽃향기를 즐기는 다양한 방법을 그림책 형식으로 그려 보았다.

식물, 특히 꽃을 그리는 일은 점점 더 즐겁고 아무리 그려도 물리는 일이 없다. 여러 작업을 통해 식물 그리는 일이 다소 익숙해졌지만, 이 책은 도감이나 전문서적에 비하면 그림이나 정보가 한참 미치지 못한다. 형태나 색채를 표현하는 데도 아쉬움이 남는다. 하지만 최선을 다해 마음을 담아 표현하려 애썼다. 그저 책을 읽은 독자들이 무심코 지나쳤던 꽃향기를 알아차리고 반갑게 꽃을 만나게 된다면 정말 행복할 것 같다.

차례

유채 Oilseed Rape

십자화과 두해살이 50~100cm 개화 시기 2~5월

노란색 꽃으로 우리에게 친숙하다. 어린잎과 줄기는 쌈 혹은 나물 등으로 먹거나 사료용으로 이용하고, 열매는 짜서 기름을 만들어 다방면에 활용한다. 보통 벌레나 풀의 괴롭힘에서 비교적 자유로운 가을에 심어 겨울을 보내고 봄에 수확한다. 봄철 강가나 철길 주변에 흐드러지게 핀 사랑스러운 꽃에서 꿀처럼 달콤한 향이 나는데, 생각지도 못한 순간에 이 노란 융단과 달콤한 향을 만나면 옛 친구와 재회한 것처럼 마음이 따뜻해진다. '봄' 하면 떠올리게 되는 향기 가운데 하나이다.

매화 Apricot Blossom

장미과 갈잎큰키나무 5~10m 개화 시기 1~3월

열매는 신맛과 진한 향을 지녔는데 꽃은 달콤함과 은은한 향기를 가지고 있다. 열매를 수확하려고 재배하는 매실나무와 꽃을 즐기기 위한 매화나무로 구분하기도 한다. 300여 종의 수많은 품종 중, 야생매화라고 불리는 원종에 가까운 품종의 향기가 더욱 진하다. 매화꽃 향기를 두고 '복욱馥郁' 즉, '향기가 그윽하다'라고 표현한다. 겨울에서 봄으로 넘어가는 시기, 눈이 채 녹지 않은 추위 속에서도 가장 일찍 봄을 알리는 꽃으로서 예전부터 많은 사람들의 사랑을 받아왔다.

카네이션 Carnation

석죽과 여러해살이 20~90cm 개화 시기 4~6월

어버이날에 부모님께 달아 드리는 꽃으로 자애로운 인상이 있지만 실제로는 향신료와 비슷한 알싸한 향기를 지녀 서양에서는 향기가 강한 꽃의 대표 주자로 꼽힌다. 카네이션 향기를 맡으면 술에 취하지 않는다고 하여 16세기 영국 시인 에드먼드 스펜서는 연회장에서 카네이션 화관을 썼다는 일화가 있다. 꽃병에 꽂아 물만 깨끗이 갈아준다면 10일 이상 오래 두고 즐길 수 있는 꽃이다. 2,000여 년 전부터 재배한 기록이 있을 정도로 장미, 국화, 튤립과 함께 세계 4대 절화로 꼽힌다.

카틀레야 Cattleya

난초과 여러해살이 20~60cm 개화 시기 10~2월

서양난의 여왕이라고도 불린다. 크고 화려한 꽃을 피우기 때문에 축하 자리에나 선물용으로 쓰이는 일이 많고 부케나 코사지로도 이용된다. 아메리카 대륙의 열대지방이 원산지이지만, 전 세계에 걸쳐 모양과 색상이 다른 60여 종의 꽃이 재배되고 있다. 모든 종에서 다 향기가 나는 건 아니며 품종마다 또 다르다. 계피와 비슷한 매콤한 향기를 지닌 꽃도 있다. 관상용으로 품종을 많이 개량했지만, 적어도 꽃만큼은 야생의 멋과 고상한 향기를 지닌 원종을 주로 재배하는 애호가가 많다.

오동나무 Paulownia

현삼과 갈잎큰키나무 8~15m 개화 시기 5~6월

오동나무는 기품 있는 자태로 여왕의 나무라는 별명을 갖고 있으며, 특히 중국에서는 봉황이 머무는 신성한 존재로 귀하게 여겼다. 나무 높은 곳에 피는 연한 보라색 꽃은 묵직하고 달콤한 향기를 선사해준다. 일본에서는 집의 문양이나 오백 엔[円] 주화의 도안으로도 쓰이기 때문에 특별하면서도 친숙한 꽃으로 사랑받는다. 생장이 매우 빨라 가구용 목재로 많이 사용되는데, 예전에는 여자아이가 태어나면 오동나무를 심어 결혼할 때 혼수로 옷장을 만들어 보내는 풍습이 있었다.

은매화 Myrtle

도금양과 늘푸른떨기나무 1~3m 개화 시기 5~6월

유럽에서는 맑고 깨끗한 아름다움을 의미해 신부의 부케나 머리 장식에 많이 사용한다. 미의 여신인 아프로디테의 신목이기도 한 은매화는 유럽에서 미르테myrthen라고 불린다. 독일의 낭만주의 음악가 슈만은 연작 가곡《미르테의 꽃》을 작곡해 사랑하는 신부 클라라에게 바쳤다. 하늘거리는 긴 속눈썹 같은 수술을 가진 하얗고 가련한 모습의 작은 꽃이지만 달콤하고 진한 향을 갖고 있다. 잎은 꽃과는 달리 싱그럽고 풋풋한 향기를 지녀 에센셜오일의 원료로 쓰인다.

금목서 Sweet Osmanthus
물푸레나무과 늘푸른떨기나무 3~4m 개화 시기 9~10월

꽃은 보이지 않아도 어디선가 오렌지 사이다 같은 싱그럽고 은은한 향기가 코끝을 간질인다면 가을이 온 것이다. 작고 사랑스러운 꽃이 짙은 향기를 뿜어내는 것에 매번 놀라곤 한다. 비바람에 약하고 섬세한 터라 꽃이 피고서 일주일 정도면 시들고 만다. 그러나 선명한 노란빛 꽃이 땅에 흩뿌려진 모습은 마치 금목서로 만든 융단처럼 보인다. 겨울 내내 푸른 잎과 풍성한 가지를 자랑하고 향기마저 아름다워 정원수로 인기가 높지만 추위에 약하기 때문에 주의가 필요하다.

꽃치자 Cape Jasmine

꼭두서니과 늘푸른떨기나무 60cm 개화 시기 7~8월

농후한 생크림처럼 짙고 달달한 향기로 낮보다 밤에 더 진한 향이 난다. 장마가 한창인 여름이면, 진한 녹색을 띠는 잎은 반짝반짝 윤이 나고 잎맥도 뚜렷해진다. 이때 하얗고 탐스러운 꽃이 피어난다. 하지만 아쉽게도 개화한 뒤 며칠이 지나면 한순간에 시들기 때문에 향기롭고 맑은 향을 즐길 수 있는 기간도 무척 짧다. 봄 서향, 가을 금목서와 함께 진한 향을 가진 3대 향목 가운데 하나이다. 치자나무보다 잎과 꽃이 작은 대신 꽃잎이 더 풍성하고 향이 진한 원예용 품종이다.

클레마티스 Clematis

미나리아재비과 덩굴성 여러해살이 20cm~3m이상 개화 시기 4~10월

정원용 식물로 오랫동안 사랑받아왔다. 특히 정원 가꾸기를 즐기는 영국에서는 덩굴 식물의 여왕으로 칭송한다. 장미처럼 인기가 많아 2,000종에서 3,000종 이상, 셀 수 없을 정도로 많은 원예 품종이 있다. 이 책에는 청보라색 꽃을 그렸지만 여러 품종이 있는 만큼 색깔과 모양도 제각각이다. 기본적으로 청량하고 기품 있는 향을 내지만 품종에 따라 향기가 진하기도 하고 옅기도 하다. 개중에는 향기가 거의 없는 품종도 있다. 최근 덩굴성이 아닌 줄기가 곧게 서고 꽃잎이 4장인 품종도 나왔다.

월하미인 Queen of the Night

선인장과 여러해살이 1~2m 개화 시기 6~11월

중남미 열대지방이 원산지로 선인장의 친척뻘이다. 1년에 한 번
밖에 꽃을 피우지 않는다고 알려져 있지만 실제로는 여러 번
피기도 한다. 쉽게 꽃을 볼 수는 없지만 기회가 된다면 아름다
운 향기를 즐길 수 있다. 단, 꽃을 피우는 시간이 짧다는 사실
을 유의해야 한다. 어두워지면 꽃봉오리가 벌어지기 시작해 밤
10~11시쯤 만개하고 날이 밝기 전에 꽃잎을 닫는다. 만개하면
10미터 떨어진 곳에서도 느낄 수 있을 만큼 농후한 향기를 뿜는
다. 마음을 평온하게 해주는 우아한 향기를 지녔다.

목련 Kabushi Magnolia

목련과 갈잎큰키나무 5~20m 개화 시기 3~4월

꽃봉오리가 아이의 작은 주먹과 닮았다 해서 일본에서는 고부시こぶし(주먹)라고 한다. 알싸한 향과 달콤한 향이 함께 어우러져 상쾌한 느낌이 든다. 봄이 올 무렵 개화하기 때문에 농사를 시작하는 지표로 여겨진다. 특히 일본 동북지방과 홋카이도에서는 목련 개화를 신호로 밭농사를 준비하는 풍습이 있어 '봄갈이 꽃'이라고도 부른다. 꽃이 피는 모양으로 그해의 기후를 점치기도 하는데 위를 향해 피면 가뭄, 아래를 향해 피면 긴 장마, 옆으로 피면 강풍이 분다고 한다.

애기동백 Camellia Sasanqua

차나무과 늘푸른작은키나무 2~6m 개화 시기 10~12월

겨울을 상징하는 꽃이다. 일본 중부 이남이 원산지로 나가사키
데지마에 있는 네덜란드 상관에 체재하던 의사가 모국으로 가
지고 돌아가면서 유럽에도 퍼졌다고 한다. 차나무과 동백나무
속으로 동백나무의 한자 이름 산다화山茶花에서 알 수 있듯 잎은
차나 생약으로 많이 이용했다. 대체로 동백나무와 비슷하지만
어린 가지와 잎 뒷면의 잎맥, 씨방 등에 털이 있는 점에서 다르
다. 청량하며 은은한 향기는 매서운 추위 속에서도 아름답고 큼
지막한 꽃송이를 피우는 모습과 닮았다.

배롱나무 Grape Myrtle

부처꽃과 갈잎작은키나무 2~7m 개화 시기 7~10월

배롱나무꽃은 초여름에서 초가을까지 100일 동안 피고 지기를
반복하는 아름다운 꽃이다. 원산지는 중국으로 주로 분홍색이
많지만 흰색, 보라색, 진분홍색 등 여러 색상이 있다. 향기도 무
척 사랑스럽고 달콤한데 가을로 접어들면서 점차 풋풋한 향을
띠게 된다. 여섯 겹의 꽃잎이 주름져 있어서 가득 피어나면 더
욱 화사하다. 마치 시원한 여름 바람에 흔들리는 프릴 스커트를
연상시킨다. 흔히 백일홍이라고 불리지만 멕시코가 원산지인 백
일홍 풀과는 다른 종류의 식물이다.

작약 Peony Root

미나리아재비과 여러해살이 60~120cm 개화 시기 5~6월

은은하지만 달콤하고 싱그러운 향기가 난다. 매끈하고 부드러운 꽃잎이 유난히 크고 탐스러워 관상용으로 사랑받는다. 더불어 작약芍藥이라는 이름에서도 알 수 있듯 한방에서는 그 뿌리를 귀중한 약재로 사용하는데 주로 3~4년 차에 수확한다. 작약과 유사하여 사람들이 자주 헷갈려 하는 꽃으로 모란이 있다. 모란은 늦봄에 피며 작약은 그보다 조금 늦은 초여름에 핀다. 또 향기가 미미한 모란에 비해 작약은 장미처럼 달콤하고 상쾌한 향이 나기 때문에 이를 통해 둘을 구분한다.

재스민 Jasmine

물푸레나무과 늘푸른떨기나무 1~3m 개화 시기 3~5월 / 7월~11월

달콤하고 강렬한 향기를 지닌 꽃으로 그 잎과 꽃을 말려서 우려
낸 재스민차가 사람들에게 널리 사랑받고 있다. 재스민은 페르
시아어로 신의 선물을 의미하는 야스민yasmin에서 유래한 이름
으로 흔히 재스민속 식물을 다 함께 이르는 말이다. 꽃에서 추
출한 정유는 오래전부터 향수의 원료로 이용되어, 특히 클레오
파트라가 재스민 향수를 즐겨 뿌렸다고 한다. 밤에 활짝 피었다
가 다음 날 정오 무렵 시들어버리는 꽃으로 하룻밤만 아름다운
꽃을 피우는 신비스럽고 덧없는 모습에 묘하게 이끌린다.

꽃생강 Ginger Lily

생강과 여러해살이 1~2m 개화 시기 7~10월

생강이라고 하면 식용으로 쓰는 뿌리를 떠올리기 쉽지만 관상
용으로 재배하는 품종도 있다. 꽃생강은 동남아시아와 마다가
스카르 등의 열대지방이 원산지로 동아시아에서는 꽃이 피지
않는 일반 생강과 달리 아름다운 꽃을 피운다. 나비처럼 생긴
하얀 꽃잎은 부드럽고 싱그러운 향기를 가졌다. 더운 여름 한낮
에 꽃을 피워 저녁 무렵 짙은 향을 내뿜는 현상은 마치 여름 끝
무렵 소나기가 내린 뒤 하늘에 번진 노을을 떠올리게 한다. 노
란색의 꽃생강에서는 흰 꽃과는 또 다른 진한 향이 난다.

서향 Winter Daphne

팥꽃나무과 늘푸른떨기나무 1~1.5m 개화 시기 2~4월

그 향이 천리를 간다고 하여 천리향이라고도 불린다. 달고 상큼하면서도 풋풋함이 느껴지는 향을 가진 꽃으로, 이른 봄인 2월 말부터 4월에 걸쳐 옅은 분홍색 꽃을 피운다. 꽃을 피운다고는 하지만 우리 눈에 꽃처럼 보이는 부분은 사실 두툼한 꽃받침이다. 대표적인 향목 중 하나로 중국에서는 침정화沈丁花라고도 불리는데, 침향沈香처럼 짙은 향기를 내뿜고 향신료인 정향丁香을 닮은 생김새 때문이다. 추위, 공해, 병충해에 취약해 먼저 실내 화분에서 키우다가 노지에 옮겨 심는 것이 좋다.

스위트바이올렛 Sweet Violet

제비꽃과 여러해살이 10~15cm 개화 시기 11~4월

추위에 강해 초겨울에서 이른 봄 사이 사랑스럽고 자그마한 보라색 꽃을 피운다. 유럽과 북아프리카, 서아시아가 원산지로 고대 그리스 때부터 재배되었으며 신화에도 등장하는 꽃으로 아테네를 상징한다. 달콤하면서도 마음을 진정시키는 은은한 향기를 지녀 마리 앙투아네트가 좋아하던 꽃이었다고 한다. 다양한 공예품 도안에 모티브가 되었고 수많은 예술, 문학작품에도 등장하며 사람들을 매료시켜왔다. 꽃에서 얻은 에센셜오일은 아로마테라피와 화장품 등에 널리 사용된다.

스위트피 Sweet Pea

콩과 덩굴성 한해살이 15~300cm 개화 시기 4~6월

달달한 콩이라는 이름의 의미처럼 감귤류나 포도와 같은 달고
상큼한 향이 난다. 주름이 풍성한 치마를 닮아 언뜻 사랑스럽고
섬세하게만 보이나 의외로 생명력이 강한 꽃이어서 꽃꽂이를 해
도 오랫동안 유지된다. 뛰어난 미모와 센스로 인기가 많았던 영
국 에드워드 왕가의 알렉산드라 왕비가 특히 이 꽃을 좋아해서
만찬이나 축하연 같은 행사 자리를 장식하는 데 사용하였고,
그 영향 때문인지 스위트피가 점점 유행을 타 유럽 각국으로 퍼
지게 되었다고 한다.

수선화 Narcissus

수선화과 여러해살이 10~50cm 개화 시기 11~4월

가장 추워질 때 달고 진하며 상큼한 향기를 품은 꽃을 피운다. 설중화雪中花라는 이름으로 불릴 만큼 온통 새하얀 눈에 덮힌 산 속에서도 건강하게 꽃을 피운다. 마치 세상에 한줄기 빛이 내리는 듯한 청초하고 부드러운 모습과는 달리 실제로는 생명력이 강해서 2주 정도 비교적 오래 꽃을 피운다. 그리스 신화의 나르시시즘을 비롯해 다양한 이야기와 얽혀 있다. 약용 성분도 다양하여 생즙은 부스럼에, 꽃으로 만든 향유는 풍에, 비늘줄기는 거담, 백일해에 사용된다.

은방울꽃 Lily of the Valley

백합과 여러해살이 20~40cm 개화 시기 4~5월

커다란 잎 사이로 청초하게 피는 작은 꽃은 소박하지만 아름답다. 프랑스에서는 5월 1일이 은방울꽃의 날로, 소중한 사람에게 행복을 빌며 이 꽃을 보내는 풍습이 있다. 바람이 불면 은은한 사과향이나 레몬향이 나는데, 산뜻한 비누를 연상시키는 향으로 장미, 재스민과 함께 3대 플로럴 노트로 불릴 만큼 많은 사람들에게 사랑받는 향이다. 어린잎을 먹기도 하고 한방에서는 심장 관련 질환이나 멍이 들었을 때 약재로 활용하기도 하지만 독성이 있기 때문에 조심해서 사용해야 한다.

제라늄 Geranium

쥐손이풀과 여러해살이 20~100cm 개화 시기 3~12월

꽃뿐만 아니라 잎과 줄기에서도 좋은 향기가 나는데, 더해서 방충 효과까지 얻을 수 있다. 유럽에서는 오래전부터 제라늄 향기가 액운을 막아주는 힘이 있다고 믿어 집 주변에 많이 심었다. 상큼한 향기가 장미와도 닮았으나 개화 시기가 더 길고 재배가 쉽기 때문에 훨씬 저렴하고 손쉽게 좋은 향기를 즐길 수 있는 서민적인 꽃으로 인기가 많다. 품종 개량도 많이 이뤄져 다양한 향의 꽃이 있는데 그 종류만 200여 종 이상이라고 한다. 지금도 정원과 실내 조경에 많이 활용된다.

비터오렌지 Bitter Orange

운향과 늘푸른작은키나무 4~6m 개화 시기 4~6월

인도 아삼지방이 원산지인 비터오렌지는 세계 각지에서 재배되는 품종으로 동아시아에서는 광귤이라고 불린다. 비교적 튼튼하고 잘 자라 오래전부터 정원수로 사랑받았으며 일본에서는 마당에 과실나무로 많이 심었다. 청량하고 싱그러우며 알싸한 향이 특징인데, 이 꽃을 물에 담아 수증기 증류 방식으로 추출해낸 수용액은 제과류나 당과류 제조에 많이 사용된다. 또한 네로리néroli라고 불리는 정유는 1킬로그램을 추출하는 데 1톤의 꽃이 필요하기 때문에 대단히 귀한 대접을 받는다.

과실이 익어도 쉽게 떨어지지 않아 한 나무에서 완숙 과일과 풋
과일을 동시에 볼 수 있다. 이런 특성 때문에 일본에서는 집안
대대로 번성하게 해달라는 뜻에서 정월 초하루에 광귤로 집 실
내를 장식하는 풍습이 있다. 예전에는 식초 대용이나 위장약으
로 쓰였고 최근에는 마멀레이드나 칵테일 재료로 이용한다. 꽃
뿐만 아니라 열매에서도 한여름 태양처럼 기분을 밝게 해주는
상쾌한 향이 나서 누구에게나 사랑받는다. 두꺼운 껍질에서 진
한 향의 에센셜오일을 얻을 수 있다.

투베로즈 Tuberose

수선화과 여러해살이 60~100cm 개화 시기 7~9월

멕시코가 원산지로 한여름 저녁 무렵부터 새벽에 걸쳐 꽃을 피운다. 그래서 일본과 한국에서는 월하향月下香, 중국에서는 야래향夜來香이라고 불리며, 진한 향기 때문에 밤의 히아신스로 불리기도 한다. 세련되게 쭉 뻗은 꽃과 진한 향이 어우러져 무척 신비한 느낌을 갖게 한다. 밤이 깊어지면 요염한 향기가 더욱 짙어지는데, 사랑에 빠지게 하는 위험한 향을 지녔다고 해서 밤 중에 투베로즈 꽃밭을 걷는 일이 금지됐다는 일화가 있다. 밤의 여왕, 밤의 연인이라는 별명이 잘 어울리는 꽃이다.

튤립 Tulip

백합과 여러해살이 10~70cm 개화 시기 3~5월

수많은 원예 품종에 따라 포도나 사과 같은 달고 상큼한 향기
부터 매콤한 향기까지 정말 다양한 향을 지녔다. 외겹보다는 여
덟 겹 꽃잎의 품종에서 더 강한 향기가 난다. 동화『엄지공주』
는 튤립에서 태어난 엄지손가락만 한 소녀가 여러 동물들을 만
나며 곤란한 상황을 겪는 이야기를 담고 있다. 그런데 현실에서
는 거꾸로 튤립이 사람들을 곤란하게 만들기도 했다. 과거 유럽
에서는 튤립이 부의 상징으로 여겨지면서 알뿌리 하나가 집 한
채 값으로 급등한 적도 있기 때문이다.

털머위 Green Leopard Plant

국화과 여러해살이 30~60cm 개화 시기 10~12월

한국, 중국, 일본 등 동아시아가 원산지인 이 꽃은 주로 바닷가 근처에서 자란다. 바닐라나 코코넛처럼 묵직한 단맛이 느껴지는 은은한 향기로 가을이 무르익을 때부터 초겨울에 걸쳐 꽃을 피운다. 국화를 닮은 노랗고 섬세한 꽃은 향수로 만들고 싶을 정도의 화려함은 없으나 소박하면서도 깊은 향을 품고 있다. 수수한 모습과 밝은 향기는 마치 내성적이지만 가슴 깊숙한 곳에 강한 의지를 품은 사람을 연상시킨다. 상처와 습진에 잎을 바르거나 생선 식중독에 생즙을 마시기도 한다.

백정화 Japanese Serissa

꼭두서니과 늘푸른떨기나무 50~100cm 개화 시기 5~7월

옆에서 보면 흰白 꽃이 정丁 자 모양 같다고 해서 백정화白丁花라고 부른다. 짙은 초록잎 사이로 별처럼 작은 꽃을 가득 피운 모습이 아름답다. 추위에 강하고 볕이 잘 들지 않는 곳에서도 곧잘 자라기 때문에 울타리로 심는 경우가 많다. 이런 용도로 워낙 흔하게 심어져 있어 오히려 꽃을 보지 못하기 일쑤다. 사랑스럽지만 그냥 지나치기 쉬운 작은 꽃이 보이지 않는 한낮의 별 같다고 해서 두메별꽃이라고도 한다. 존재감은 강하지 않지만 가까이 가면 청순하고 부드러운 향이 난다.

연꽃 Lotus

연꽃과 여러해살이 50~100cm 개화 시기 7~9월

인도가 원산지로 불교에서는 극락정토에 피는 꽃이라고 한다. 주위에 휘둘리지 않고 청렴하게 사는 걸 흔히 '진흙 속에 피는 연꽃'에 비유하는데 그 말처럼 꽃향기에서도 꼿꼿함이 느껴진다. 꽃이 피는 기간이 약 사흘뿐인데다 그마저도 이른 아침에 피었다 점심 무렵이면 꽃잎을 닫아버리기 때문이다. 꽃이 피면 이틀째에 가장 진한 향기가 나며 사흘째부터는 거의 향이 나지 않는다. 향기로운 연꽃을 만나기는 어렵지만 해마다 여름이면 꼭 맡아보고 싶은 청초하고 고결한 향이 난다.

히아신스 Hyacinth

백합과 여러해살이 20~30cm 개화 시기 2~4월

흔히 구근이라고 불리는 알뿌리만 잘 보존하면 분재나 수경 재
배로 키우기 쉬운 대표적인 꽃 가운데 하나이다. 투명한 용기에
물을 채우고 키우면 알뿌리가 자라는 모양도 관찰할 수 있다.
여린 꽃과는 대조적으로 용기 가득 하얀 잔뿌리를 뻗는 모습에
서, 물 밑에서는 열심히 발을 젓지만 물 위를 우아하게 거니는
백조가 떠오른다. 향기가 무척 진해 한 송이만 피어도 집 안에
싱그럽고 상쾌한 향기가 가득해진다. 그래서 현관에 놓아두면
방향제가 따로 필요 없을 정도다.

장미 Rose

장미과 떨기나무 1년에 1~6m까지 생장 개화 시기 5~11월

센티폴리아 Centifolia

센티폴리아는 많은 향수에서 주원료로 쓰일 만큼 대중적인 사랑을 받는 향을 지녔다. 각양각색의 장미 중에서도 향수의 원료가 되는 품종은 일부인데 대표적인 것이 센티폴리아와 올드 로즈이다. 벌꿀처럼 부드럽고 달콤한 향 너머로 싱그러움까지 품고 있다. 마리 앙투아네트가 센티폴리아를 들고 초상화를 남긴 것을 비롯해 이 꽃에 얽힌 사랑과 아름다움에 관한 일화가 무척 많다. 피부를 매끄럽게 해주는 효과까지 있어 여성들에게 오랫동안 사랑받아왔다.

블루문 Blue Moon

품종 개량으로 다양한 종류의 장미가 탄생했지만 푸른빛을 띠는 꽃은 만들기가 어렵다. 오랜 연구 끝에 완성된 블루문도 처음에는 푸른빛이 약했으나 재배하기 쉽게 개량하는 과정에서 현재의 빛깔을 낼 수 있었다고 한다. 초여름부터 늦가을까지 개화가 지속되기 때문에 절정기가 아니라도 진한 향기가 오래 머문다. 아름다운 빛깔뿐 아니라 예쁜 꽃 모양과 달콤한 홍차 같은 향기로움까지 지니고 있어 다양한 품종을 자랑하는 오랜 장미의 역사 속에서도 단연 손꼽히는 꽃이다.

비파나무 Loquat

장미과 늘푸른큰키나무 6~10m 개화 시기 11월~2월

비파나무는 대부분 열매를 즐기는 일이 많지만 부드러운 우윳
빛 봉오리에 싸인 소박한 꽃도 참 매력적이다. 6월경에 열매를
수확하기 때문에 개화 시기가 초여름일 거라고 생각하기 쉽지
만 사실 비파나무꽃은 늦은 가을에서 한겨울에 걸쳐 피어난다.
차가운 공기 속에서 마치 아몬드와 유자가 섞인 듯한 부드럽고
달콤한 향기가 전해진다. 참고로 비파와 아몬드와 살구는 모두
장미과 식물이다. 일본의 전형시인 하이쿠에서는 비파나무가
입동부터 대설까지의 시간을 표현하는 계절어로 쓰인다.

살구와 비슷한 향이 나는 비파나무 열매는 신맛과 단맛이 조화롭다. 뿐만 아니라 잎에 약용 성분이 함유되어 있어, 불교 경전에서도 대약왕수大藥王樹라는 이름으로 소개될 만큼 오래전부터 만병통치약으로 여겨져 다양한 병증에 이용되어 왔다. 잎을 우려낸 비파차는 호지차와 비슷한 구수한 맛이 나며 피로 회복, 식욕 증진을 비롯해 많은 효능을 보인다. 또한 잎을 건조시켜 입욕제로 쓰면 피부 질환을 개선할 수 있고, 혈액 순환을 촉진하여 냉증에도 효과가 있다.

등나무 Japanese Wisteria

콩과 갈잎덩굴나무 덩굴 길이 10m 이상 개화 시기 4~5월

등나무는 10미터 이상 길게 뻗어 자라는 덩굴 식물로 봄이 되면 연자줏빛 꽃들이 주렁주렁 피어나 장관을 이룬다. 이런 아름다운 모습 때문에 관상용으로 많이 재배한다. 은은하면서도 고요한 정서가 느껴지는 달고 부드러운 향을 맡을 수 있다. 동아시아에서 보라색은 고귀하고 높은 지위를 상징하기도 해서, 헤이안 시대 세력가였던 후지와라 가문은 등나무를 자신들의 문양으로 썼다. 일본의 가장 오래된 가집『만요슈』에서도 26구나 되는 시에 등장할 정도로 오래전부터 사랑받아왔다.

프리지어 Freesia

붓꽃과 여러해살이 20~50cm 개화 시기 3~5월

남아프리카가 원산지로 추위에 약한 꽃이지만 서리를 맞지 않
도록 조심한다면 가정에서도 기를 수 있다. 겨울과 이른 봄에
꽃꽂이용으로 많이 사용하는 품종이다. 예전에는 따뜻한 산지
에서만 재배되었으나 최근에는 온실 재배를 통해 거의 1년 내
내 시판되고 있어 손쉽게 그 향을 즐길 수 있다. 모습과 색은 물
론 향기마저 올곧고 순수한 느낌을 줘 많은 사람들에게 사랑받
고 있다. 다수의 원예 품종이 있으며 색깔도 하양, 노랑, 빨강, 자
주, 주황, 분홍 등으로 다채롭다.

헬레보루스 Helleborus

미나리아재비과 여러해살이 20~50cm 개화 시기 12~2월

크리스마스 시즌 무렵 핀다고 해서 흔히 크리스마스 로즈로 불
린다. 아름답고 소박한 꽃이 고개를 숙인 모습에 많은 사람들이
끌리는 듯하다. 그러나 추위에 견디기 위해 꽃은 작게 퇴화했
고 꽃잎처럼 보이는 부분은 사실 꽃받침이다. 겨울 귀부인이라
는 별명을 가진 만큼 추위와 그늘에서도 잘 자라 꽃이 드문 계
절을 환하게 밝혀주는 정원화나 가정용 화분으로 사랑받는다.
향기가 별로 없는 품종도 있지만 리그리커스iguricus라는 품종은
감귤처럼 싱싱하고 진한 향기를 지녔다.

미모사 Mimosa

콩과 늘푸른큰키나무 5~15m 개화 시기 2~4월

주로 한겨울부터 초봄에 걸쳐 꽃가게에 진열된 노란 꽃을 많이 볼 수 있다. 10미터 이상 자라는 나무이기 때문에 정원수로도 이용된다. 초봄의 맑고 푸른 하늘 아래, 동그랗고 보송한 노란색 꽃이 온 나무를 둘러싸듯 피어난다. 이 시기 푸른색과 노란색의 조화를 바라보고 있으면 곧 봄이 온다는 생각에 설렌다. 남국의 과일을 닮은 싱그럽고 달콤한 향이 난다. 이탈리아에서는 세계 여성의 날인 3월 8일 여성에게 미모사를 선물하며 여성 인권에 대해 생각하는 시간을 보낸다.

무스카리 Muscari

백합과 여러해살이 10~30cm 개화 시기 3~5월

포도처럼 생긴 작은 꽃송이가 무리지어 피는 모습 때문에 포도
히아신스라는 별명도 있다. 히아신스와는 다른 종류의 꽃이지
만 같은 백합과로 알뿌리 식물이라는 점과 자주색 꽃이 피어난
다는 점에서 유사하다. 무스카리라는 이름은 이 꽃의 향이 사향
노루의 분비물로 만드는 향료인 머스크musk와 닮았다 해서 붙
여진 이름인데 실제 원예 품종의 향기는 그다지 강하지 않다.
알뿌리 식물로서 수경 재배가 가능하며 화분에서도 큰 어려움
없이 매년 꽃을 피우는 튼튼하고 키우기 쉬운 식물이다.

자목련 Lily Magnolia

목련과 갈잎큰키나무 3~15m 개화 시기 3~5월

자목련을 보고 있으면 당장이라도 날아오를 듯한 작은 새가 높은 가지 위에 앉아서 화려한 향기를 뿌려주는 느낌이 든다. 햇살이 비추면 꽃잎이 열리며 진한 향을 뿜는다. 목련은 백악기 지층에서도 화석이 발견될 만큼 가장 오래된 나무 가운데 하나로, 꽃봉오리가 북쪽을 향한다고 해서 컴퍼스플라워compass flower라고도 불린다. 자목련은 중국이 원산지로 일본 목련이나 백목련과 달리 봄이 끝나갈 무렵 꽃을 피운다. 꽃잎이 안팎으로 자주색인 점이 특징으로 안쪽이 흰색인 자주목련과 구분된다.

복숭아 Peach

장미과 갈잎작은키나무 2~8m 개화 시기 3~4월

복숭아는 원산지인 중국에서 액운을 막는 힘이 있다고 믿어 오래전부터 회춘의 상징이자 불로장생의 열매로 여겨왔다. 기원후 1세기 이전에 실크로드를 통해 페르시아를 거쳐 유럽으로 전파되면서 세계적으로 사랑받는 과실나무가 되었다. 복숭아꽃에는 달콤하면서도 상큼한 향이 나서 향수나 화장품 등에 자주 쓰인다. 일본에서는 여자아이의 건강과 성장을 기원하는 축제인 히나마츠리ひな祭り가 복숭아꽃이 피는 계절에 열린다고 해서 이를 복숭아 명절이라고도 부른다.

복사나무의 열매인 복숭아는 과육이 흰 백도와 노란 황도로
나뉜다. 아시아에서는 당도가 높은 백도를 즐겨 먹는다. 고지혈
증에 효과가 있는 칼륨을 다량 함유하고 있고 식이섬유도 풍부
해 변비 예방이나 피부 미용에 효과가 있다. 꽃뿐만 아니라 과
일도 향이 강해서 숙성을 위해 상온에 놓아두는 것만으로도
우유나 코코넛 같은 달콤한 향기가 집 안에 가득 퍼진다. 복숭
아 씨앗은 한방에서 도인桃仁이라 부르는데 어혈, 진통, 진해, 해
소, 변비, 감기, 탈모 등 다양한 증상에 사용된다.

목향장미 Lutea Rehder

장미과 갈잎떨기나무 덩굴 길이 50cm~5m 이상 개화 시기 4~5월

봄 햇살 속에서 우아하고 부드러운 향의 꽃을 피운다. 흰색 혹은 병아리처럼 작고 사랑스러운 노란색 꽃송이가 가득 달린다. 흔히 아름다운 장미에는 가시가 있다지만 목향장미는 가시가 없어서 키우기 쉽고 병이나 해충에도 강해 잘 자란다. 덩굴성으로 수많은 겹꽃이 무리지어 피기 때문에 정원 입구의 아치를 장식하거나 눈에 띄는 곳에 관상용으로 심는 경우가 많다. 목향木香이라는 이름은 한방약으로 쓰이는 국화과의 목향에서 유래했다고 하는데 향기는 전혀 다르다.

산벚나무 Sargent Cherry

장미과 갈잎큰키나무 15~25m 개화 시기 3~5월

동아시아에 분포하는 품종이며 교배로 탄생한 왕벚나무와 달리 산과 들에 자생한다. 왕벚나무는 일제히 꽃이 피었다가 금방 지고 향도 거의 없지만, 산벚나무는 같은 장소에서도 피는 시기가 각기 달라 특유의 은은한 향기를 오래 즐길 수 있다. 이름처럼 다른 벚나무들에 비해 고도가 비교적 높은 곳에서 잘 자란다. 가까이 다가가지 않으면 그냥 지나치고 말 정도로 향이 연하지만, 기품 있고 차분하며 싱그러운 정서를 맛볼 수 있다. 꽃이 필 때 잎도 같이 나오는 것이 특징이다.

백합 Lily

백합과 여러해살이 50~200cm 개화 시기 5~8월

가을에 심는 알뿌리 식물로 북반구 온대 지역에 약 100여 종의 원종이 있다. 특히 동아시아에는 아름다운 꽃을 피우는 품종이 풍부하다. 일본이 원산지인 백합도 많은데 오래전부터 식용으로 재배하다 에도 시대부터 관상용으로 키우기 시작했다고 한다. 일본 백합은 특히 서양에서 인기가 많아 막부 말기에서 쇼와 초기까지 알뿌리를 수출하였고, 때문에 이를 개량한 원예 품종이 현재도 많이 남아 있다. 크고 화려한 모습처럼 그 향이 강하고 농후해 사람들 사이에 호불호가 갈린다.

라일락 Lilac

물푸레나무과 갈잎작은키나무 1~8m 개화 시기 4~6월

봄을 알리는 향기로 사랑받는 꽃이다. 달콤하고 중후한 향이 진하게 풍기지만 생장이 멈추면 향이 나지 않아서 절화로는 그 향기를 즐길 수 없다. 보라색 계통의 꽃으로 추위에 강하고 건조한 땅을 좋아하여 유럽에서는 가로수나 정원수로 많이 심는다. 동유럽이 원산지로 '서양수수꽃다리'가 정식 명칭이다. 기후가 온난한 대부분의 일본 지역에서는 거의 볼 수 없지만 연평균 기온이 낮은 홋카이도에서는 흔하게 볼 수 있다. 특히 삿포로에서는 초여름에 라일락 축제가 개최될 정도로 친숙하다.

라벤더 Lavender

꿀풀과 늘푸른떨기나무 20~130cm 개화 시기 4~7월

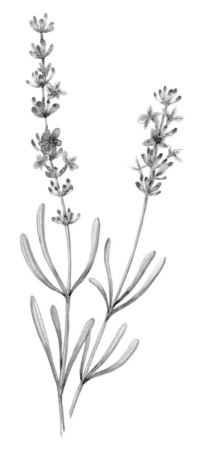

지성을 느끼게 하는 온화한 향기와 다양한 효능을 갖고 있다. 품종에 따라 쓰임이 다양하지만 주로 긴장을 풀어주고 숙면을 도와주는 등 신경을 안정시키는 효과가 있어 두통이나 불면증, 우울증에 많이 쓰인다. 주로 가향차로 즐기지만 입욕제로도 사용한다. 잎보다는 꽃에서 더 강한 향이 나기 때문에 꽃에서 에센셜오일을 채취하며, 꽃을 말려 포푸리를 만들면 향이 오래 유지된다. 허브의 여왕으로 불리지만 다가가기 어려운 느낌이 아닌, 다정하게 품어주는 어머니와 같은 친숙함이 느껴진다.

피나무 Linden

피나무과 갈잎큰키나무 10m이상 개화 시기 6~8월

손톱만 한 작고 귀여운 크림색 꽃에서 긴장을 이완시키고 편안
함을 주는 좋은 향이 난다. 유럽에서는 천 개의 용도를 가진 나
무로 여겨지고 가로수에 이용되어 매우 친숙하다. 꽃은 라임플
라워lime flower라고도 불린다. 프랑스에서는 꽃과 잎을 우린 튀엘
tileul 차를 자주 마신다. 은은한 단향에 적당한 떫은 맛이 나는
데다가 신선한 향기까지 더해져, 마시기 좋은 다양한 효능의 허
브차로 사랑받고 있다. 슈베르트의 가곡에도 등장하는 이 나무
를 흔히 보리수라고 생각하는 이들이 많다.

납매 Winter Sweet

받침꽃과 갈잎떨기나무 2~4m 개화 시기 12~3월

1년 중 가장 추운 시기에 달고 화사한 향기를 지닌 노란 꽃을 피운다. 그래서 음력 12월인 섣달을 뜻하는 '납臘'을 쓰거나, 밀랍으로 만든 매화처럼 생겼다며 '납매臘梅'라고도 부른다. 반투명의 고운 자태는 사람이 만든 섬세한 꽃 비녀처럼 보이기도 한다. 그 모습과 향기에서 양귀비 같은 황비가 연상된다 하여 원산지인 중국에서는 당매唐梅라고도 불리지만, 사실 매화와는 다른 종류의 낙엽수이다. 주로 관상용으로 키우는데, 세계적으로 받침꽃과의 종은 흔치 않아 멸종위기종으로 등록되어 있다.

로먼캐모마일 Roman Chamomile

국화과 여러해살이 10~30cm 개화 시기 5~6월

봄에서 초여름 무렵 사랑스러운 하얀 꽃을 피운다. 향기는 사과처럼 달고 풋풋하며 소박하다. 캐모마일은 향기가 연하지만 차로 마시면 좋은 저먼캐모마일german chamomile과 차로 마시면 쓰지만 향기가 좋은 로먼캐모마일 이렇게 두 종류로 나눌 수 있다. 성분도 많이 달라서 전자는 염증 억제 작용이 뛰어나고 후자는 심리적 안정에 효과적이다. 꽃잎뿐 아니라 식물 전체에서 향기가 나고 발에 밟혀도 다시 살아날 정도로 생명력이 강해 향기 나는 잔디로 이용되기도 한다.

꽃향기 이야기

베란다에서 허브를 키워 보니 일상이 풍요로워졌다.
생활을 초록으로 물들이는 풀도 좋지만
라벤더나 장미처럼 아름다운 꽃과 향기를 즐길 수 있는
식물 역시 화사하고 좋다.

꽃은 종류에 따라 피는 계절이 다르고,
향기에도 각기 다른 특징이 있다.
꽃에서는 왜 좋은 향기가 나고,
이렇게 많은 향기가 있는 걸까.

꽃의 좋은 향기는 꿀벌 같은 곤충들을 부르기 위한 것.
생명을 이어가려면 이들의 도움이 필요하다.

꽃은 향기와 꿀로 곤충을 불러들여 꽃가루를 묻힌다.
그러고 나서 곤충이 가능한 멀리 있는 꽃으로 가 꽃가루를
옮겨주길 바란다.

향이 별로 없는 꽃도 있고 향이 진한 꽃도 있다.
좋은 향을 내는 꽃도 있고
그다지 좋다고 할 수 없는 향을 가진 꽃도 있다.
꽃향기는 어디까지나 곤충들을 불러들이기 위한 것이다.

꽃은 자신이 부르고 싶은 곤충이 좋아하는 향을 낸다.
그것을 우리들이 좋은 향기라고 느낄 뿐이다.
그래서 우리에겐 별로 좋지 않은 냄새라도
어떤 곤충에겐 무척 끌리는 향일 수 있다.

우리는 오래전부터 꽃향기를 이용해왔다.
고대 이집트에서는 꽃에서 향유를 추출해 여러 용도로 썼다.
이집트 벽화에 그려진 것처럼
향유는 미라를 만들 때 꼭 필요한 것이었다.
클레오파트라는 재스민, 장미, 연꽃 등의 향유를 애용했다.

고대 로마 시대에 향유는 더 활발히 만들어졌다.
목욕을 좋아하던 로마인들 사이에서는 입욕 후에 향유를 몸에
바르는 습관이 널리 퍼졌고 사람들은 더욱 꽃향기에 매료되었다.

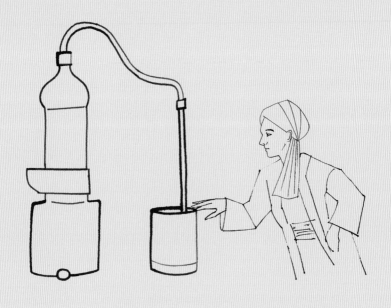

중세 이슬람에서는 금을 만들어 내려는 연금술이 성행했다.
그 과정에서 발명된 도구로 장미를 증류하면서
로즈워터가 탄생하게 된다.
이것이 세상에 향수가 널리 퍼지는 계기가 되었다.

르네상스 시대 이탈리아에서 증류 기술이 발달하면서
향수가 유럽 전체로 퍼져나갔다.
특히 프랑스에서는 목욕하는 습관이 없어
귀족들이 체취를 없애기 위해 향수를 많이 사용했고
그로 인해 향수 문화가 더욱 발달하게 되었다.

일본에는 유럽과 같은 향수는 없지만 오래전부터
생활 속에서 꽃향기를 즐겨왔다.
가장 오래된 가집인 『만요슈』에도
계절마다의 꽃향기를 노래한 시가 많다.

에도 시대에는 서민들 사이에서도 원예 문화가 유행했다.
제사 때면 계절에 맞는 화분을 판매하고
꽃놀이를 하며 그 향기를 즐겼다.
옛 사람들도 꽃향기에서 계절을 느꼈나 보다.

꽃향기는 몸과 마음에 많은 도움을 준다.
좋은 효능을 가진 꽃의 종류를 살짝 들여다보자.

◎ 기분을 밝고 긍정적으로 해주는 꽃
기운이 없을 때, 마음을 느긋하게 진정시켜주며 의욕을
불러일으켜 생기 넘치게 해준다.
프리지어, 꽃생강, 미모사, 유채, 카틀레야 등.

◎ 마음을 평온하게 해주는 꽃

바쁜 일상으로 짜증이 나거나 예민한 기분이 들 때,
마음을 진정시켜주고 평온한 마음을 갖게 해준다.
스위트바이올렛, 작약, 은방울꽃, 연꽃, 라일락 등.

◎ 머리를 맑게 해주는 꽃

생각이 정리되지 않을 때나 멍하게 시간만 보내게 될 때 집중력을
향상시켜준다.

금목서, 카네이션, 제라늄, 산벚나무, 매화 등.

◎ 몸과 마음의 균형을 잡아주는 꽃

피로나 스트레스로 망가진 몸과 마음의 균형을 잡아주어 과도한

긴장과 욕구를 누그러뜨려준다.

투베로즈, 재스민, 꽃치자, 백합, 복숭아 등.

◎ 공기 정화에 도움을 주는 꽃
환기를 하기 어려울 때나 습도가 높은 계절에 답답한
방 공기를 조금은 정화시켜준다.
은매화, 서향, 수선화, 납매, 히아신스 등.

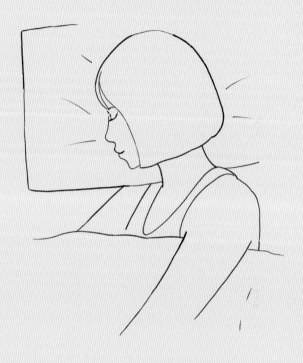

◎ 수면에 도움이 되는 꽃

침실에 은은한 향기가 나면 마음이 편안해지면서

잠에 빠지게 된다.

스위트피, 로먼캐모마일, 라벤더, 피나무, 비터오렌지 등.

꽃향기와 매일 함께할 수 있기를 바라며
누구나 손쉽게 즐길 수 있는 몇 가지 방법을 제안한다.

◎ 집 안에 꽃을 장식하거나 좋아하는 꽃나무를 찾아본다

좋아하는 꽃을 꽃병에 꽂아 집 안에 둔다.
꽃이 시들기 시작하면 드라이플라워로 만든다.
잘 둘러보면 공원 안이나 가로수 중에도
꽃나무가 많다는 걸 알게 될 것이다.
꽃나무에서 풍겨오는 향기에서 계절의 변화를 느껴본다.
계절마다 마음에 드는 꽃나무를 찾는 것만으로도
매일 걷는 길이 훨씬 즐거워진다.

◎ 꽃을 키운다

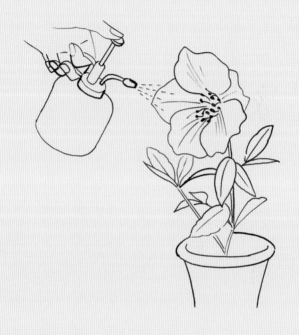

꽃을 피우는 식물을 기르다 보면
매일 조금씩 자라는 모습이 너무나 사랑스럽게 느껴진다.
꽃봉오리가 맺히고 꽃이 필 때의 기쁨은 각별하다.
보통 꽃향기는 막 피었을 때가 가장 향기롭기 때문에 진한 향기를
즐길 수 있는 건 기르는 사람만의 특권이다.
자신이 보살핀 꽃의 향기는 각별해서 그 매력에
더욱 매료될 것이다.
꽃향기에 이끌려 찾아드는 곤충을 관찰하는 일도 재밌다.

에센셜오일을 이용해 꽃향기를 즐기는 방법을 알아보자.

◎ 손수건이나 작은 수건

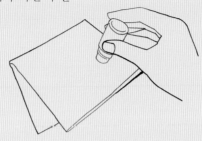

전용 아로마 도구가 없더라도 자주 들고 다니는 손수건에
에센셜오일을 한 방울 떨어뜨려 가방에 넣으면
은은한 향기를 즐길 수 있다.
에센셜오일을 묻힌 화장지를 베갯잇에 넣으면 숙면에 도움을 준다.

◎ 팔꿈치 목욕

컴퓨터나 스마트폰을 많이 사용하는 사람들 대부분은
팔에 피로가 쌓인다. 팔꿈치 목욕은 여기에 효과적이다.
대야에 따뜻한 물을 붓고 에센셜오일을
몇 방울 떨어뜨린 후 팔꿈치를 푹 담가주면,
손을 담그는 것보다 혈액 순환이 잘 되어 피로를 풀어준다.
대야에 얼굴을 가까이하면 꽃향기를 통해
진정 효과도 얻을 수 있다.

◎ 향기를 담은 편지

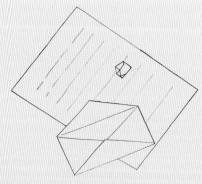

에센셜오일을 한 방울 떨어뜨린 화장지를 종이로 감싸
작은 향주머니처럼 만들어 편지와 함께 넣으면 편지를 받는
사람에게 향기까지 보낼 수 있다. 오일은 한 방울 정도만 사용해서
은은한 향을 내는 것이 좋다.

◎ 바디클렌저와 샴푸

냄새가 없는 바디클렌저, 샴푸, 핸드클렌저에 좋아하는 향이 나는
에센셜오일(100ml당 열 방울 정도)을 섞어준다.
향을 제대로 즐기기 위해서는 2주 가량 사용할 정도의 양만
만드는 것이 좋다. 마음에 드는 향을 사용할 때마다
기분이 좋아질 것이다.

맛있게 먹으며 꽃향기를 즐기는 방법도 알아보자.

◎ 꽃차

신선한 꽃잎을 모아서 사용하거나
말린 꽃잎을 우려서 차로 마신다.
말린 꽃차는 1T(큰 티스푼) 정도에 200ml의 뜨거운 물을 붓고
약 3분간 우린다.
김과 함께 올라오는 향기를 즐긴다.
꽃잎이 많지 않을 때는 홍차, 녹차, 중국차 등에
조금씩 섞어 마셔도 맛있다.
추천하는 꽃은 장미, 금목서, 재스민, 라벤더, 매화, 벚꽃 등이다.

◎ 꽃 시럽

꽃향기로 가득한 시럽은 소다수에 넣어 먹거나
요구르트, 아이스크림, 빙수 등에 뿌려 먹어도 맛있다.

• 금목서 시럽 만들기

① 금목서 꽃 50g을 꽃잎만 물에 띄워 불순물을 제거한다.

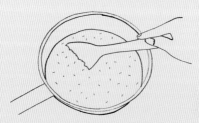

② 냄비에 화이트와인 100ml와 설탕 150g을 넣고 끓이다 설탕이
녹으면 불순물을 제거한 꽃잎을 넣어준다.

③ 약불에서 3분간 끓인 후 불을 끄고 뜨거울 때 병에 담는다.
냉장고에서 약 2주 정도 저장할 수 있고 꽃잎도 먹을 수 있다.

◎ 라벤더 스노우볼 쿠키

① 푸드프로세서에 박력분 65g, 아몬드파우더 20g, 그래뉴당
혹은 백설탕 20g, 소금 약간, 분말 상태의 말린 라벤더 1t(작은
티스푼)를 넣고, 공기를 주입하듯 스위치를 켰다 껐다 반복하면서
섞어준다.

② 버터를 2cm 정사각형으로 잘라 냉장 보관했다가 48g을 ①의
푸드프로세서에 넣고 다시 스위치를 켰다 껐다를 반복하면서 섞은
뒤 호두 25g을 넣어준다.

③ 덩어리진 반죽을 꺼내어 랩으로 싸서 편평하게 만든 후 1시간
이상 냉장실에 놔둔다.

④ 오븐을 170℃로 예열하면서, 쿠키 판에 오븐용 시트를 깔고
식혀두었던 반죽을 지름 1.5cm정도의 크기로 둥글납작하게 빚어
올려 놓은 뒤 15분 정도 굽는다.

⑤ 전분이 들어가지 않은 슈가파우더에 가루로 만든 말린
라벤더와 소금 약간을 섞어 한 봉지에 넣는다. 오븐에서 꺼낸
쿠키가 식으면 봉지에 만들어 둔 슈가파우더를 뿌려준다.

◎ 벚꽃 시폰케이크(17cm 시폰 틀)

① 볼에 달걀노른자(중간 크기 4개), 그래뉴당 30g, 소금 약간을
넣고 거품기로 하얗게 부풀 때까지 저어준다.
② 식물성 기름 45ml와 두유 60ml를 세 번에 나누어 넣고
섞어준다. 소금에 절인 벚꽃잎(넣기 전에 물에 씻어 소금기와 물기를
제거한다) 40g을 잘게 썰어 넣고 섞는다.
③ 체에 내린 박력분 85g을 윤기가 날 때까지 섞는다.
④ 차가운 달걀흰자(중간 크기 4개)를 다른 볼에 넣고
그래뉴당 50g을 세 번에 나누어 섞어준다.
핸드믹서기로 거품을 내서 머랭을 만든다.
⑤ 머랭을 달걀노른자로 만든 거품과 두 번에 나누어 섞어준다.
달걀노른자의 기름기는 가라앉을 수 있기 때문에 볼을 돌리면서
반죽을 아래에서 위로 들어올리듯 섞어준다.
머랭이 꺼지지 않도록 가볍게 저어준다.
⑥ 윤이 날 때까지 저어준 후 반죽을 틀에 붓는다. 이때 틀을
테이블에 살짝 내려쳐서 공기를 빼준다.
⑦ 170℃로 예열한 오븐에서 30분 정도 굽는다. 식으면
팔레트나이프로 조심스럽게 틀에서 빼낸다.

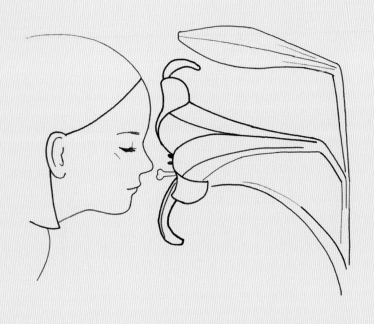

우리에겐 사계절이 있다.
매년 같은 계절에는 같은 꽃이 핀다.
따뜻한 계절만이 아니라 추운 계절에 피는 꽃도 있다.
다양한 꽃마다 향기라는 개성이 있다.

집에서 키우는 꽃뿐 아니라

꽃집 앞에 늘어선 싱싱한 꽃,

항상 지나는 공원에 핀 꽃,

산책길에 만나는 작고 사랑스러운 꽃잎을 달고 있는 꽃,

평소엔 그냥 지나쳤지만

자세히 보면 여기저기 다양한 향기를 가진 꽃이 많다.

꽃향기로 계절을 느끼고 꽃향기로 내 마음을 다독인다.

생활 속에서 진한 꽃향기를 느낄 수 있도록

조금 더 관심을 가져보자.

그것만으로도 하루가 훨씬 풍요로워질 테니까.

향기는 꽃의 언어　　구와야마 카오리

　우리는 일상 속에서 오감(시각, 청각, 후각, 미각, 촉각)을 통해
세상을 본다. 하지만 상대적으로 후각은 그다지 의식하지 않고
사는 듯하다.

　그러나 인생을 채색하는 기억이나 감정에 후각이 주는 영향은
시각이나 청각과 비슷하거나, 혹은 그 이상이라고 믿는다. 가령 좋
아하는 음식도 감기로 후각이 둔해지면 아무 맛도 느끼지 못하던
경험이 누구에게나 있을 것이다.

　사회인이 되고 얼마 지나지 않아 나는 허브차의 매력에 이끌려
다양한 차를 접하게 되었다. 식물이 가진 효능과 성분에 따라 다
양한 맛이 난다는 사실에 놀랐고, 동시에 맛을 결정하는 요소 가
운데 무엇보다 향기가 중요하다는 걸 알고서 다시 한번 놀랐다.

그러면서 차츰 향기 그 자체에 커다란 관심을 쏟게 되었다.

식물의 향기에 관한 책을 찾아 읽었고, 아로마 편집숍에 다니면서 다양한 에센셜오일을 모으고 향기를 즐겼다. 그러다 조향사들이 어떻게 매력적인 향기를 만드는지 알고 싶어졌다.

결국 회사를 그만두고 향기 만드는 일을 생업으로 삼았다. 향기에 관심을 가진 지 10년 정도 지났지만 향기는 나에게 여전히 흥미로우며 깊은 매력으로 다가온다.

이 일을 하며 느낀 것은 사람이 말을 통해 대화하고 상대방을 이해하는 것처럼, 언어가 없는 식물은 향기를 통해 세상과 소통한다는 점이다.

달라지는 꽃향기를 맡으며 계절의 변화를 느끼고, 자신 안에 잠자던 그리운 추억이 되살아난 경험은 누구나 한번쯤 있지 않을까. 나 역시 향기로운 꽃향기에서 매년 소중한 사람들과의 기억을 불러낸다.

작가의 그림만으로도 행복을 가득 느낄 수 있으니, 우선은 책을 통해 꽃의 매력을 접하실 수 있기를 바란다. 그리고 꽃이 피는 계절마다 그 향기를 즐기다 보면 어느새 꽃처럼 향기로 마음을 전하는 방법을 조금은 알게 되지 않을까?

『싱그러운 허브 안내서』

싱그러운 일상을 만들고 싶은 사람들에게
기본이 되는 50가지 허브 안내서

들여다보는 것만으로도 마음이 편안해지는 쉬운 허브 안내서입니다.
다양한 효능과 함께 키우는 요령, 생활 속 활용법 등을 만나보세요.

자연과 삶을 생각하는 열매하나의 책들

『불안과 경쟁 없는 이곳에서』 강수희·패트릭 라이든 함께 지음.

『세계 생태마을 네트워크』 코샤 쥬베르트·레일라 드레거 엮음,
   넥스트젠 코리아 에듀케이션 옮김.

『이파브르의 탐구생활』 이파람 글, 그림.

『별이 내리는 밤에』 센주 히로시 그림.

『어떤 배움은 떠나야만 가능하다』 김우인 지음.

『새로운 배움은 경계를 넘어선다』 김우인 지음.

『이것으로 충분한 생활』 하야카와 유미 지음, 류순미 옮김.

『세상의 질문 앞에 우리는 마주 앉아』 정한샘·조요엘 지음.

『여행하는 부엌』 박세영 지음, 강효선 그림.